インプレス R&D ［NextPublishing］

技術の泉 SERIES
E-Book / Print Book

最新ブラウザ対応で
気持ちよく書く
CSSデザイン

吉川 雅彦 | 著

Chrome
Safari
Firefox
Edge
Internet Explorer 11
対応！

大変だったデザインも
最新ブラウザ対応で
らくらくコーディング！

impress R&D
An impress Group Company

目次

はじめに ……………………………………………………………………………… 5
 謝辞 ……………………………………………………………………………… 5
 本書の位置づけ ………………………………………………………………… 5
 対象読者 ………………………………………………………………………… 5
 本書で対象としているブラウザ ……………………………………………… 5
 本書でのブラウザの記載 ……………………………………………………… 6
 リポジトリとサポートについて ……………………………………………… 6
 表記関係について ……………………………………………………………… 6
 免責事項 ………………………………………………………………………… 6
 底本について …………………………………………………………………… 6

第1章 対応ブラウザを決める ……………………………………………… 7
 1.1 IE11以上対応という選択肢 …………………………………………… 8
  1.1.1 対応ブラウザの決め方 ……………………………………………… 8
  1.1.2 国内で一般的なサイトを作る場合 ………………………………… 8
  1.1.3 アクセシビリティを担保する ……………………………………… 9
  1.1.4 なにがどのブラウザに対応しているか …………………………… 9

 1.2 ブラウザシェア ………………………………………………………… 10
  1.2.1 世界のブラウザシェア ……………………………………………… 10
  1.2.2 日本のブラウザシェア ……………………………………………… 11

 1.3 IE10以下非対応の恩恵 ………………………………………………… 12
  1.3.1 恩恵 …………………………………………………………………… 12
  1.3.2 気持ちよさとは ……………………………………………………… 12
  1.3.3 JavaScriptを使わずCSSを使うメリット ………………………… 13
  1.3.4 過去のブラウザに対応させるには ………………………………… 13

第2章 CSSの指定の基本 ………………………………………………… 15
 2.1 単位 ……………………………………………………………………… 16
  2.1.1 rem …………………………………………………………………… 16
  2.1.2 文字サイズの単位の最適解 ………………………………………… 16
  2.1.3 vw vh ………………………………………………………………… 17

 2.2 セレクター ……………………………………………………………… 18
  2.2.1 基本セレクター ……………………………………………………… 18
  2.2.2 属性セレクター ……………………………………………………… 18
  2.2.3 結合子 ………………………………………………………………… 19

 2.3 擬似クラス ……………………………………………………………… 20
  2.3.1 デザインを想定しなければいけないもの ………………………… 20
  2.3.2 便利に使えるもの …………………………………………………… 22

 2.4 擬似要素 ………………………………………………………………… 24
  2.4.1 ::before ::after ……………………………………………………… 24
  2.4.2 ::first-line ::first-letter …………………………………………… 24
  2.4.3 ::placeholder ………………………………………………………… 24

第3章　気持ちよく書けるCSS … 25

3.1　メディアクエリーでレスポンシブ化 … 26
- 3.1.1　メディアクエリーの記述例 … 26
- 3.1.2　表示領域の設定 … 27
- 3.1.3　レスポンシブになったときの工数 … 27

3.2　フレックスボックスで横並び … 28
- 3.2.1　display: flex … 28
- 3.2.2　フレックスコンテンツ（子要素）の伸縮 flex … 29
- 3.2.3　フレックスコンテンツ（子要素）の折り返し flex-wrap … 29
- 3.2.4　並びの向き flex-direction … 30
- 3.2.5　水平方向の配置 justify-content … 31
- 3.2.6　垂直方向の配置 align-items … 32
- 3.2.7　複数行になった場合の配置 align-content … 33
- 3.2.8　フレックスコンテンツ（子要素）の配置 align-self … 33
- 3.2.9　順番を入れ替える order … 34

3.3　画像を使わないデザイン … 35
- 3.3.1　グラデーション … 35
- 3.3.2　丸角 … 36
- 3.3.3　テキストシャドウ … 37
- 3.3.4　ボックスシャドウ … 37
- 3.3.5　content で部品作成 … 38

3.4　値の計算 … 40
- 3.4.1　calc() … 40

3.5　色の指定 … 41
- 3.5.1　色の記述例 … 41
- 3.5.2　現在の文字色 … 41

3.6　最初や最後の要素を指定 … 42
- 3.6.1　:last-child :first-child … 42
- 3.6.2　使いどころ … 42
- 3.6.3　:not() を組み合わせる … 43

3.7　変形 … 44
- 3.7.1　原点 … 44
- 3.7.2　移動 … 44
- 3.7.3　伸縮 … 45
- 3.7.4　回転 … 46
- 3.7.5　行列 … 46

3.8　状態の変化にアニメーションを加える … 48
- 3.8.1　transition … 48
- 3.8.2　デベロッパーツールからアニメーションの関数を変更する … 49

3.9　状態にアニメーションを加える … 50
- 3.9.1　transition と animation の違い … 50
- 3.9.2　animation … 50

3.10　背景画像の大きさを調整 … 52
- 3.10.1　background-size … 52
- 3.10.2　模様を描く … 53

3.11　カウンター … 54
- 3.11.1　counter() で簡単な記述方法 … 54
- 3.11.2　counters() でリストの入れ子に対応した記述方法 … 55
- 3.11.3　h2 等の階層構造の記述方法 … 56

| 3.12 | ボーダーに画像を設定 ………………………………………………… 58 |
| 3.12.1 | border-image の実装方法 ………………………………………… 58 |

3.13　:target :checked をトリガー代わりに …………………………… 61
　　3.13.1　:target …………………………………………………………… 61
　　3.13.2　:checked ………………………………………………………… 62

3.14　その他の便利な CSS ………………………………………………… 65
　　3.14.1　段組にする column-count ……………………………………… 65
　　3.14.2　クリックを無効にする pointer-events ………………………… 65
　　3.14.3　web フォントを使うための font-face ………………………… 66
　　3.14.4　文字詰めをする font-feature-settings ………………………… 66
　　3.14.5　横幅を決める際の box-sizing …………………………………… 67
　　3.14.6　背景の表示領域を変える background-clip ………………………… 68
　　3.14.7　data URI scheme で HTTP リクエストを減らす ……………… 68
　　3.14.8　outline でフォーカス時のスタイルを設定 …………………… 68

3.15　もう使ってもいいだろうという CSS …………………………… 69
　　3.15.1　フォーム部品の見た目をリセットする appearance: none ……… 69
　　3.15.2　スクロール途中から固定させる position: sticky …………… 69
　　3.15.3　display: grid …………………………………………………… 70
　　3.15.4　supports ルールで CSS がサポート時のみ適用 ……………… 72
　　3.15.5　プレースホルダー ……………………………………………… 72

あとがき ……………………………………………………………………… 73

はじめに

謝辞

　今回本書を制作するにあたり、アドバイス、レビューなど関わってくださった方々、また、執筆を支えてくれた妻に心から感謝しています。

本書の位置づけ

　「"CSS3"って言われてもよくわからないし、対応ブラウザはどれにしたらいいんだろう」の問いに「対応ブラウザを最新ブラウザ（特にIE11以上）にしたら、こんなにも気持ちいいよ」という位置づけの本です。
　よく目にするデザインを、楽に気持ちよく実装できることを目指す内容になっています。

対象読者

CSSとHTMLを
ある程度知っている
デザイナー

IE6〜8時代に
よくコーディングしていた
コーダー

ざっくりと
楽な書き方を知りたい
エンジニア

　が対象読者です。CSSの基礎的な部分についての解説はありません。

本書で対象としているブラウザ

　特に記載していない限り、下記のブラウザとバージョンを対象としています。ChromeとSafariは、デスクトップ版とスマートフォン版の両方、Android4まであった標準ブラウザやOperaは対象外です。
　・IE11以上
　・Chrome最新バージョン
　・Firefox最新バージョン

・Edge 最新バージョン

・Safari10.3 以上

本書でのブラウザの記載

・Internet Explorer → IE

・Google Chrome → Chrome

・Mozilla Firefox → Firefox

・Microsoft Edge → Edge

リポジトリとサポートについて

本書に掲載されたコードと正誤表などの情報は、次のURLで公開しています。

https://github.com/impressrd/support_comfortable_css

表記関係について

本書に記載されている会社名、製品名などは、一般に各社の登録商標または商標、商品名です。会社名、製品名については、本文中では©、®、™マークなどは表示していません。

免責事項

本書に記載されている情報は、執筆時（2018年4月）のものです。記載しているコードについては、必要最低限のものを記載しています。また、本書に記載された内容は情報の提供のみを目的としています。したがって、本書を用いた開発、製作、運用は、必ずご自身の責任と判断によって行ってください。これらの情報による開発、製作、運用の結果について、著者はいかなる責任も負いません。

底本について

本書籍は、技術系同人誌即売会「技術書典4」で頒布されたものを底本としています

1

第1章　対応ブラウザを決める

1.1 IE11以上対応という選択肢

対応ブラウザを決める場面というのは多々ありますが、どうやって決めていますか?

1.1.1 対応ブラウザの決め方

対応ブラウザの選定には、以下のような方法があります。
- ブラウザのサポート状況
- ブラウザのシェア
- サイトでのやりたいこと
- コーディングのしやすさ

シェアやサポート状況から決めた場合の課題

単純にシェアやサポート状況から決めてしまうと、次のような問題があります。
- 制作工数がかかる
- 制作者の不満がたまる
- 収入源となるユーザーがアクセスできない

売り上げの増加とコストの削減を考えて決めた方が良いでしょう。

売り上げの増加とコストの削減から対応ブラウザを決める

以下は例です。
- エンジニアに気持ちよく開発してもらい、退職率を減らすことでコストを削減。提供する技術でユーザーによりよい体験をしてもらってリピート率を高め、売り上げを上げる。そのために対応ブラウザは常に最新のものにする
- 一方でアクセス解析を見ると、古いブラウザからの方がコンバージョン(サイトで達成させたいこと)率が高いため、古いブラウザにも対応させる必要がある

1.1.2 国内で一般的なサイトを作る場合

とはいいつつも、現状国内で一般的なサイトを作る場合には**Internet Explorer 11(以降IE11)以上対応と決め打ちしてよい**と筆者は考えます。ここでいうIE11以上対応とは、「IE11以上」「Chrome最新バージョン」「Firefox最新バージョン」「Edge最新バージョン」「Safari10.3以上」と同じ意味となります。(以降これらをまとめて「最新ブラウザ」とします)

以下が、「IE11以上対応でよい」と考える理由です。

8　第1章　対応ブラウザを決める

・IE10のサポートが切れている
・IE11のサポート切れがまだ先である（クライアント向けOSの場合、**2025年の10月**）
・上記すべてのブラウザの合計で90～95%のシェアがある
・IE11以上だと「気持ちよく」コードが書ける！

1.1.3　アクセシビリティを担保する

　さて、IE11以上に対応といったときに「IE10」はまったく考慮しないでしょうか。もしくは「IE11以上に対応。IE10はアクセシビリティを担保する」という形にするでしょうか。

　web制作の現場ではそのどちらもありえます。「アクセシビリティを担保する」というのは「意図どおりのデザインではないが、情報にはアクセスできる」ということです。CSSは、通常見た目の体裁を整えるために使われるため、positionプロパティや、displayプロパティなどを多用しなければ、まったくアクセスできなくなることはないでしょう。

1.1.4　なにがどのブラウザに対応しているか

Can I Use https://caniuse.com/

　などで調べるとよいでしょう。調べたいブラウザが出てこない場合は「Settings」から変更できます。

　また、MDN（https://developer.mozilla.org/ja）のサイトも参考になります。

1.2　ブラウザシェア

対応ブラウザを決める際に、シェアは重要です。

本書で扱う最新ブラウザの日本でのシェアは、2018年3月の時点で**90〜95%**ほどです。

1.2.1　世界のブラウザシェア

NetMarketShare https://www.netmarketshare.com/ 2018年3月のデータ

1．Chrome 62.36%

2．Safari 17.20%

3．Firefox 5.63%

4．Internet Explorer 11 5.37%

5．Edge 2.10%

6．UC Browser

7．QQ

8．Android Browser

9．Opera

10．Internet Explorer 8

11．Baidu

12．Opera Mini

13．Sogou Explorer

14．Yandex

15．Internet Explorer 10

16．Internet Explorer 9

17．Internet Explorer 6

18．Cheetah

19．Maxthon

20．Internet Explorer 7

StatCounter http://gs.statcounter.com/ 2018年3月のデータ

1．Chrome 57.64%

2．Safari 14.81%

3．UC Browser 7.37%

10　第1章　対応ブラウザを決める

4．Firefox 5.38%

5．Opera 3.65%

6．IE 3.11%（IE11 は 2.7%）

7．Samsung Internet 2.72%

8．Edge 1.93%

9．Android 1.62%

ランキングではこのようになっています。対象はPCやスマホ等を含む計測できるデバイスのすべてです。Chrome、Safari、Firefox、IE11、Edge を合計すると NetMarketShare では **92.66%**、StatCounter では **82.46%**。有効桁数や、計測方法や、UA偽装などが原因で、厳密には異なる部分もあるかもしれませんが、おおむねこの数字が現状を表していると思って良いでしょう。Chrome や Safari では古いブラウザも含んでいると思われますので、本書で扱う IE11 以上、Safari10.3以上では、80〜90%前後のブラウザには対応できることになります。もちろん 2018年3月の時点でこの数字ですので、これからさらにこの比率は上がっていくことが予想されます。

逆にいえば、IE8〜10まで対応したとしても、NetMarketShare で 1.39%、StatCounter で 0.41% しか増えませんし、IE10 よりもむしろ IE8 が上位に来ているため、IE10 から対応ではなく IE8 から対応すべきなのか、という話になってしまいます。

1.2.2　日本のブラウザシェア

世界規模では90%前後ですが、日本のサイトでの、Chrome、Safari、Firefox、IE11、Edge を合計すると **95.02%** になります。Safari は 10.3以上だとしても、90〜95%ほどに対応しているといってよいでしょう。次のデータは、StatCounter での 2018年3月時点のシェアランキングです。

StatCounter 日本における2018年3月のデータ

1．Chrome 39.74%

2．Safari 26.1%

3．IE 16.84%（IE11 は 16.1%）

4．Firefox 8.89%

5．Edge 4.19%

6．Android 1.29%

7．Opera 0.72%

1.3 IE10以下非対応の恩恵

5%のブラウザを切り捨てて、コーディング効率が数%上がれば……、というように単純にコスト換算はできないものですが、様々な恩恵があります。

1.3.1 恩恵

楽に気持ちよくコーディングできることで、例えば以下のような恩恵があるでしょう。
・作業工数が減る
・コードチェック工数が減る
・バグが少なくなり、改修工数が減る
・コードやルールが単純になることで、教育コストが減る
・ストレスが減って退職率が下がり、採用コストが減る
・新しい見せ方が可能になり、エンドユーザーに新たな価値を届けることができる
・新しい見せ方が可能になり、コンバージョン達成の手段を増やすことができる

コーディングをする際に、非効率なことを嫌ったり、コーディング自体が好きだったりする方も多いでしょう。そこでストレスをためるのはよくありません。

また、ある程度限られた人が見るサイトや、そもそも最新の技術を使ってサイトを構築しなければならない場合、IEを切り捨てるという選択肢もあるかと思います。

1.3.2 気持ちよさとは

CSSを書くときの気持ちよさとはなんでしょう。筆者は執筆時点ではRubyを触ったことはほとんどないのですが、皆が口を揃えていうには「気持ちいい」ようです。「やりたいと思ったことが簡単に書ける」と表現する人もいます。

新しく出てきた技術であるCSSも同様の側面があります。最新ブラウザ対応で、IE6時代よりも気持ちよく書けます。一方、IE11以上でだけ使用できるものは少なく、実はIE8ごろから使えているものも多いです。

ここで、本書での気持ちよさを定義したいと思います。
・今までよりも少なく簡単なコードで書ける
・今までJavaScriptで書いていたものがCSSのみで書ける
・新しいことが実現できる
・HTMLを汚さない

12 第1章 対応ブラウザを決める

1.3.3 JavaScriptを使わずCSSを使うメリット

JavaScriptではなく、CSSのみで書くことができる場合のメリットは以下です。

・変更があったときに面倒ではない（CSSのみの変更でできる場合）

・速く楽に実装できる

・コードが短くなる

・処理速度が（ほとんどの場合）速くなる

ただし、JavaScriptに慣れているエンジニアの場合は、余計にコードが複雑になる場合もあるので、適宜使ってみるのが良いかと思います。

それ以外にも、以下のようなときに有用です。

・JavaScriptを触れない環境の場合

・AMP対応でJavaScriptが使えない場合（使えるCSSも限られていますが）

・SEO対策として

1.3.4 過去のブラウザに対応させるには

古いブラウザにもある程度適用させたい、という要望もあるかと思います。本書に載せている例の中にもIE10から使えるものがあります。また、-webkit-のような、ベンダープレフィックス（ブラウザベンダーの独自実装や草案段階の仕様を先行実装しているプロパティなどにつける接頭辞）をつけて対応できるものもあれば、古い仕様に沿って実装されているものもあり、記述を変えて対応できるものもあります。

また、JavaScriptのポリフィル（JavaScriptを利用して、古いブラウザにも対応させる方法）で対応できるものもあります。

例えばフレックスボックスを使いたいが、対応していないブラウザではfloatで対応したい、という場合もあるでしょう。CSSハックや、HTMLに記述する条件付きコメントなどで対応することも可能ですが、本書で紹介する@supportsで出し分けを行うこともできます。

‖‖‖
コラム コーディングを気持ちよく

2000年前後から比べると、テキストエディタも進化してきました。筆者は、コーディングをする際は、趣味で使い始めたホームページ・ビルダーから始まり、Windows付属のメモ帳、TeraPadに移行し、その後、WHiNNYというマイナーなエディタを数年使っていました。ここ数年は、Sublime Text、Atom、PhpStormなどのエディタや統合開発環境を使っています。良いテキストエディタを使うと、気持ちよく書けることが多いです。

Emmetというプラグインはその最たるものかもしれません。最近のエディタや、CodePenなどのようなエディタを提供するサービスには、デフォルトで導入されています。CSSのプロパティを入力するときに、「bgc」とタブキーを押下すると「background-color: #fff;」まで自

動入力され、「fff」部分が選択状態になり、変更しやすくなっておりとても気持ちがいいです。HTMLファイル上では「!」とタブキーでHTML5のbodyタグまですべて、「lorem」とタブキーでダミーテキストが入力されます。

　黒い画面（コマンドライン）が怖くないという方は、SassやwebpackなどからCSSに変換すると良いでしょう。ある程度の規模のサイトやフロントエンド界隈ではこちらの方が主流になってきています。CSSを入れ子で書けたり、ベンダープレフィックスを自動で付与できるので、コーディングの負担を減らせます。

　コーディング自体をしたくない、という方も多いでしょう。ホームページ・ビルダーやDreamweaverなどでブラウザで表示される見た目のままコーディングをしたり、WordPressのようなブログシステムを用いてサイトを構築したり、Normalize.cssのようなライブラリを用いたり、Bootstrapのようなフレームワークを用いたり、それを支援するツールを用いて、コーディングをなるべくしないようにもできます。

2

第2章　CSSの指定の基本

2.1 単位

px、%、em以外にも普段使いできる単位があります。

2.1.1 rem

既存の%やemをfont-sizeに使うと、親要素を参照して相対的なサイズになるため、入れ子が深くなったときに困ります。だからといってすべてpxに固定してしまうと、文字サイズを大きくしたい人にとって不便です。

remは、ルートの要素（HTMLの場合はhtml要素）や、:root擬似クラスで指定されたフォントサイズを基準に、相対的な大きさを指定することができます。

```
html {
  font-size: 62.5%; /* 10px */
}
h1 {
  font-size: 2.4rem; /* 24px (1rem = 10px にしたため) */
}
```

ほとんどのブラウザで初期値のフォントサイズが16pxであることを利用して、上記のような指定をよく見かけます。16の62.5%は10です。そのため、1remを指定すると10pxの大きさになります。

IE11ではfont-sizeに62.5%を指定すると、9.93pxになるバグがあるため、ピクセルパーフェクトで実装している場合や、文字サイズが小さく少しのずれが目立つような場合は注意してください。

また、すべてのブラウザで必ずしも初期値が16pxであるとは限りません。

2.1.2 文字サイズの単位の最適解

文字サイズの最適解はなんなのでしょうか。それにはまず、ブラウザの歴史を見ていきましょう。

ブラウザといえば、IE、とくにIE6が猛威をふるっていた時代がありました。第一次ブラウザ戦争が終結した2000年あたりです。そのころのIE6は、文字サイズが変更できました。もちろん今でも文字サイズは変更できますが、どちらかというと画面ごと拡大できる機能がメインになっています。

16 第2章 CSSの指定の基本

パーセント（相対）での文字サイズ指定が良いとされている理由は、文字の拡大縮小ができるアクセシビリティやユーザビリティに配慮してのことです。

　ブラウザは次第に、「文字サイズの変更」という機能から「画面ごと拡大」する機能がメインになっていきました。IEも、6、7、8、9とバージョンアップを続け、Firefox、Opera、Chromeなどでも画面拡大の機能がつきました。思うにこれらは、あまりにもpx固定でサイトを制作する制作者が多かったために行われた必然的ともいえる対応なのでしょう。

　「1px=デバイスの1ドット」ではないことと、画面ごとの拡大機能を備えたブラウザが多いことから、現在ではpx指定でも問題ないことが多くなりました。文字サイズの指定方法は、制作工数、ターゲット層、制作者のスキルレベル、保守性などによって決めるとよいでしょう。

　文字サイズを変更した際にもきちんと表示できるようなコーディング体制やチェック体制が整っていて、ターゲット層が年配の人が多ければ、％やremを使ったコーディングが良いでしょう。ユーザビリティ的にもそうあるべきなのですが、例えばビジュアル重視で文字サイズが大きくなることを前提にデザインされていないサイトで、コーディング体制やチェック体制が整っていない場合、px指定でも良いのではと筆者は考えています。

2.1.3　vw vh

　ビューポート（表示領域）の幅を100としたときの相対的な長さを指定できます。

　ビューポートの縦幅いっぱいに広げようとしてdiv要素にheight:100%を指定しても画面いっぱいに広がらなかった、または広がりすぎたという経験をした方も多いかと思います。％は、親要素を基準にするためです。

　100vw、100vhでそれぞれ、ビューポート横幅とビューポート縦幅と同じになります。

　もちろん、文字サイズにも使用できます。ウィンドウサイズに対して相対的な文字サイズにしたい場合などです。プレゼン資料をHTMLとCSSで作る場合などにも効果的です。

図2.1:

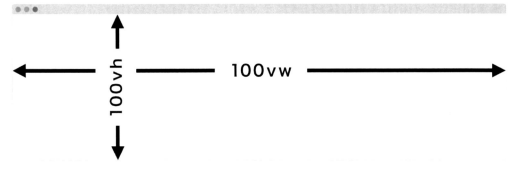

2.2 セレクター

スタイルを適用したい要素の指定方法です。

2.2.1 基本セレクター

*

すべての要素です。

p

要素名でそのまま指定します。

.wrapper

指定されたclassを持つ要素です。

#nav

指定されたIDを持つ要素です。

p, .div

複数選択することも可能です。

2.2.2 属性セレクター

[title]

`<a href="/" title="トップに戻ります">○○会社</a>`のような属性がある要素。

[disabled='disabled']

属性名と属性値が一致する要素。`<input type="text" disabled>`のように省略した書き方の場合は選択されないので注意。

[class~='hidden']

`<div class="hidden description">`のような、空白で区切られた値の中に指定された文字がある要素。

18 第2章 CSSの指定の基本

[href^='https']

　　<a href="https://example.com">のような、指定された文字列で始まる要素。

[src$='.png']

　　<img src="logo.png" alt="行程さん">のような、指定された文字列で終わる要素。

[href*='/lp/']

　　<a href="./lp/camp.html>"のような、指定された文字列が含まれている要素。

[lang|='en']

　　en、en-us、en-gbなど、全文一致か先頭で一致してハイフンが続く要素。

2.2.3　結合子

p span

　　子孫要素に現れるものすべて選択します。

div > p

　　子要素。

p + p

　　次の兄弟要素。

input ~ ul

　　以降に現れる兄弟要素か、その子孫要素すべて。

2.3 擬似クラス

　a:linkのように:とともに指定し、様々な状態に対してスタイルを適用することができます。言い方を変えれば、それだけデザインも用意しなければいけないということです。

2.3.1 デザインを想定しなければいけないもの

:link :visited :hover :active

　それぞれ、未訪問のリンク、訪問済みのリンク、ホバー時、押下時を表します。

　下記のようにa要素に指定する際に使うことが多いです。

```css
a:link {
  color: #13b1f1;
}
a:visited {
  color: #017bad;
}
a:hover {
  color: #80daff;
  text-decoration: none;
}
a:active {
  color: #13b1f1;
}
```

　この順番に指定しないと、上書きされず、効果がありません。

:focus

　要素をクリックやタップしたり、タブキーでの移動をしたりした状態に指定できます。

:disabled :enabled

　input要素など、無効になっている状態と、有効になっている状態に対して指定できます。

:invalid :valid

　input要素などの、入力欄のチェックなどに使われます。input要素は、type属性にurlやdateなど指定できるようになってきました（すべて対応できているわけではないですが）。

20 ｜ 第2章　CSSの指定の基本

それらには、urlならURLになりえるものが入っていない状態が:invalid、入っている状態が:validで指定できます。

:read-only

編集できない状態に対して指定できます。input要素のreadonly属性がそうですが、それ以外の通常の要素も編集できないため、それらにもマッチングします。

要素を編集可能にするためにcontenteditable属性があります（ブラウザによって挙動が多少異なります）。<div contenteditable="true">編集可能領域</div>のように指定されている要素です。この要素も編集可能な状態です。

:read-onlyはIEは使えません。Firefoxは-moz-ベンダープレフィックスをつけて使用します。使用できないけれど、デザインする上では考慮すべき擬似クラスです。

:checked

チェック状態に対して指定できます。チェックボックス、ラジオボタン、select要素の中のoption要素などが、チェックされたり選択されたりした状態をさします。

:optional :required

required属性が設定できるinput要素やtextarea要素やselect要素などに対して指定できます。required属性が設定されていない場合は:optional、されている場合は:requiredで指定できます。

:out-of-range :in-range

IEでは使えないのですが、input要素で、minmax属性で指定された範囲外のとき、また範囲内のときに指定できます。

```
<input class="num" name="num" type="number" min="1" max="10"
value="">
```

```
.num:out-of-range {
  background-color: rgba(255, 0, 0, 0.1);
}
```

2.3.2 便利に使えるもの

:empty

要素の内容が空の状態。例えば、`<div></div>`の状態のとき、`div:empty`で指定できます。

:first-child :last-child :nth-child() :nth-last-child()

`:first-child`は兄弟要素の中で一番初め、`:last-child`は一番最後の要素です。`:nth-child()`の括弧内は、`even`（偶数番目）、`odd`（奇数番目）、`5n`、`3n+1`、`4`のように指定します。

```
li:nth-child(3n+1) {
  background-color: #ccc;
}
```

上記の`3n+1`の場合、「3×0+1=**1**」「3×1+1=**4**」「3×2+1=**7**」と計算され、1番目、4番目、7番目……の要素に対して背景色を変更しています。つまり、`:nth-child(5n)`の場合は5番目、10番目、15番目……（0番目はありません）。`:nth-child(4)`の場合は4番目のみ。`:nth-child(-n+2)`の場合は1番目と2番目のみです（マイナスの番号がないため）。

`:nth-child()`が最初から数えるのに対し、`:nth-last-child()`は、最後から数えます。

:first-of-type :last-of-type :nth-of-type() :nth-last-of-type()

`:first-of-type`は、兄弟要素の中で、同一の要素の最初の要素です。

```
p:first-of-type {
  background-color: #ccc;
}
```

という指定があった場合、以下のようになります。

```
<div>
  <div>ここは変わらない</div>
  <p>ここの背景色が変わる</p>
  <p>ここは変わらない</p>
  <div>
    <p>ここの背景色が変わる</p>
    <p>ここは変わらない</p>
  </div>
</div>
```

`:last-of-type`は そ の 逆 で す 。`:nth-of-type():nth-last-of-type()`は 、

`:nth-child():nth-last-child()` と似た使い方をします。

`.class:first-of-type`のように、クラスやIDの指定はできません。

:lang()

`:lang(en)`や`:lang(ja)`などの言語を指定することができます。

:not()

括弧の中に指定したもの以外を指定できます。

例えば、`.button:not(.hidden)`と指定することで、hiddenクラスがついておらずbuttonクラスがついている要素を指定できます。

`li:not(:last-child)`と指定すると、最後の要素以外のli要素が指定できます。marginやborderの調整が楽になります。

:only-child :only-of-type

`:only-child`は、他に兄弟要素がない場合、`:only-of-type`は、他に同じ要素の兄弟要素がない場合です。

:root

ルートを指定します。HTMLの場合はhtml要素です。

:target

ページ内リンク先に遷移している状態に対して指定できます。例えば、以下の場合はリンクを押下したときにURL末尾に#section2とつきますが、その状態のときを表しています。

```
<a href="#section2">見出し2</a>
<div id="section2">...</div>
```

```
div:target {
  background-color: #ccc;
}
```

のような指定で、リンク先に移動した状態のときに色が変わります。

2.4 擬似要素

擬似クラスが特定の状態であるなら、擬似要素は特定の場所を要素のように指定できます。

2.4.1 ::before ::after

contentプロパティと組み合わせて、要素の最初の子要素、最後の子要素として挿入できます。子要素が挿入できないようなimg要素や`<input type="submit">`などには指定できません（button要素には指定できます）。

IE8までは:before:afterとコロンが1つでしたが、仕様が変わり2つになり、擬似クラスと区別しやすくなりました。IE9からはコロン2つに対応しています。

引用符で囲ったり、フキダシの三角を作るために使ったり、clearfixを実現するために使ったり、用途は様々です。下記のコードは.classに対して引用符 " " で囲んでいます。

```
.class::before {
  content: ' ";
}
.class::after {
  content: '" ';
}
```

2.4.2 ::first-line ::first-letter

::first-lineが最初の行、::first-letterが最初の文字を指定します。

2.4.3 ::placeholder

input要素などであらかじめ薄く表示されている文字に対して指定できます。

IE11や他のブラウザなど、::placeholderのままでは対応していないブラウザも多いので、::-webkit-input-placeholder、:-ms-input-placeholderを指定しましょう。

3

第3章　気持ちよく書けるCSS

3.1 メディアクエリーでレスポンシブ化

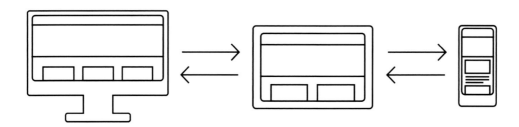

スマートフォンとPCの表示をワンソースで表現するためになくてはならないものが、メディアクエリーです。@mediaルールで、ブレイクポイントと呼ばれる分岐点を設定し、画面のサイズによってCSSを出し分けることができます。

3.1.1 メディアクエリーの記述例

```
<meta name="viewport" content="width=device-width,
initial-scale=1">
```

```
.nav {
  display: inline-block;
}
@media screen and (max-width: 980px) and (min-width: 321px) {
  h1 {
    padding: 0.1em;
  }
}
@media screen and (max-width: 320px) {
  .nav {
    display: block;
  }
}
```

上記では、.navが指定されている要素は横並びになっています。画面のサイズが980px〜321pxの間になると、h1要素にpadding:0.1emが適用されます。320px以下の場合はdisplayプ

ロパティの値が変わります。

@mediaの後に条件をつけることが可能で、andで複数の条件を指定しています。

@media only screenのようにonlyという記述も見られますが、メディアクエリーに対応していない古いブラウザのための記述なので現在は必要ないでしょう。

screenは一般的なディスプレイを表します。printを設定すると印刷時のCSSを適用することも可能で、簡易的なものであれば印刷用のページを別に用意する必要もありません。

ブレイクポイントの数は、通常1〜3個で構成されます。

3.1.2　表示領域の設定

HTMLのmeta要素にname="viewport"を記述し、content属性にはwidth=device-widthとinitial-scale=1をコンマで区切って記述することが現在は多いです。

3.1.3　レスポンシブになったときの工数

スマホサイトとPCサイトで別ソースにするのではなく、レスポンシブにしてワンソースにすると、一般的には制作工数が減ったり保守性が向上したりします。しかしそれはCSSで要素の並びを変更したりする程度のデザインであった場合です。

そのため、レスポンシブにする場合は、ビジュアルデザインを制作する段階からレスポンシブにすることを考慮しなければいけません。

‖‖

note:属性とプロパティ

属性とプロパティはどちらも「属性」のことですが、英語では**attribute**と**property**であるように、本書でも区別しています。HTMLは「属性」、CSSは「プロパティ」と覚えると良いでしょう。

例えば、<br style="display: none;">のコードは、br要素のstyle属性にスタイルを設定、displayプロパティにnoneを設定している、と読めます。

‖‖

3.2 フレックスボックスで横並び

最新ブラウザへの対応で一番気持ちよく書けるのは、フレックスボックスではないでしょうか。古いブラウザへの対応では、テーブルレイアウトで横並びにしたり、floatとclearfixで横並びさせたり、display:inline-blockで横並びさせたりしていました。しかし、それらは本来横並びにするためのものではありません。本当の意味で欲しかった機能がやっと使えるようになりました。

フレックスボックスを使うと、横並びがとても楽に実装できます。IE11では少しバグはあるものの、難しい記述をしなければ特に問題なく使用できます。

3.2.1 display: flex

```html
<div class="global-header">
  <div class="logo">
    株式会社〇〇
  </div>
  <div class="menu">
    <a href="#">会社概要</a> <a href="#">サービス</a>
  </div>
</div>
```

```css
.global-header {
  display: flex;
}
.logo {
  /* 広げられるところまで広げる */
  flex: 1; /* flex: 1 1 0; と同等 */
}
.menu {
```

```
  flex: initial; /* flex: 0 1 auto;（初期値）と同等のため記述しなくても可 */
}
```

　横並びにしたい要素の親要素のdisplayプロパティにflexを指定します。インライン表示させたい場合はflex-inlineを指定します。float:leftやdisplay:inline-blockを指定したように横並びになります。また、flexプロパティを指定し、伸縮具合も指定できます。

　よく指定されるものとしては、コンテンツ幅に合わせるflex:initialと、横いっぱいまで広げるflex:1です。flex:initialは、初期値と同等のため、指定しないときと同じです。

3.2.2　フレックスコンテンツ（子要素）の伸縮 flex

　flexは、flex-growflex-shrinkflex-basisのショートハンドで、これらを一括で指定できます。flex-growなどを直接指定するよりもショートハンドを使用することが推奨されています。flex-growは膨張率、flex-shrinkは収縮率を指定します。

　flex-growが2と3を指定した2つの要素があった場合、それぞれ「2:3」の幅で親要素いっぱいに広がります。

　flex-basisは長さを指定します。autoを指定すると子要素の余白部分を基準にします。

‖‖
note:ショートハンド

　ショートハンドとは、いくつかのプロパティを一括で指定する記述方法のことをさします。font-familyやfont-sizeなどのショートハンドプロパティはfontという具合です。

　このショートハンドプロパティは通常、指定されたもの以外のプロパティは初期値にリセットされます。background:url(hoge.png)を指定すると、background-colorなど、他のプロパティがリセットされます。

　flexプロパティの場合は、初期値はflex: 0 1 autoですが、flex:1を設定するとflex: 1 1 0という特定の値が代入されます。

　ショートハンドは便利ですが、知らずになんとなく使うと、バグの原因になります。

‖‖

3.2.3　フレックスコンテンツ（子要素）の折り返し flex-wrap

　また、タグクラウドのようにするためには、下記のようにします。

| プロジェクトマネージャー | サーバーエンジニア | システムエンジニア |
| プログラマー | フロントエンドエンジニア | デザイナー |

```html
<div class="tag-wrapper">
  <div>プロジェクトマネージャー</div>
  <div>サーバーエンジニア</div>
  <div>システムエンジニア</div>
  <div>プログラマー</div>
  <div>フロントエンドエンジニア</div>
  <div>デザイナー</div>
</div>
```

```css
.tag-wrapper {
  display: flex;
  flex-wrap: wrap;
}
```

　その他、`flex-wrap`プロパティには、`nowrap`（初期値）、`wrap-reverse`（下から積み上げ）が指定できます。

3.2.4　並びの向き flex-direction

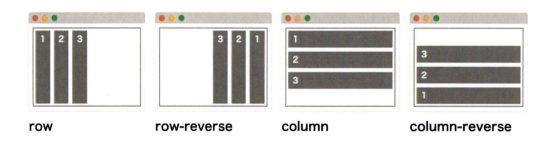

row　　　　　row-reverse　　　　　column　　　　　column-reverse

```css
.flex-wrapper {
  display: flex;
  flex-direction: row; /* 左から右（初期値） */
  flex-direction: row-reverse; /* 右から左 */
  flex-direction: column; /* 上から下 */
  flex-direction: column-reverse; /* 下から上 */
}
```

3.2.5 水平方向の配置 justify-content

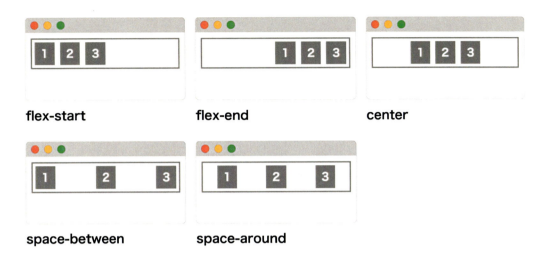

flex-start

flex-end

center

space-between

space-around

```
.flex-wrapper {
  display: flex;
  justify-content: flex-start; /* 左揃え（初期値） */
  justify-content: flex-end; /* 右揃え */
  justify-content: center; /* 中央揃え */
  justify-content: space-between; /* 最初と最後を端に寄せて均等配置 */
  justify-content: space-around; /* 均等配置 */
}
```

3.2.6　垂直方向の配置 align-items

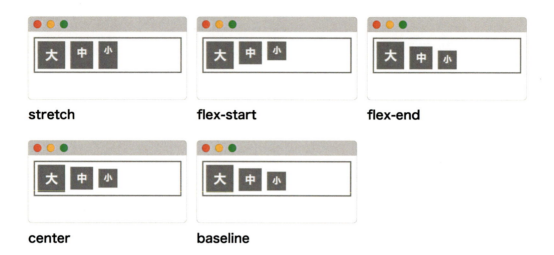

```
.flex-wrapper {
  display: flex;
  align-items: stretch;    /* 高さいっぱい（初期値） */
  align-items: flex-start; /* 上揃え */
  align-items: flex-end;   /* 下揃え */
  align-items: center;     /* 中央揃え */
  align-items: baseline;   /* 文字のベースライン揃え */
}
```

3.2.7　複数行になった場合の配置 align-content

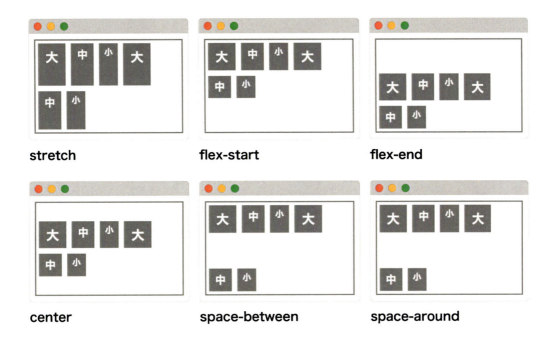

```
.flex-wrapper {
  display: flex;
  flex-wrap: wrap;
  align-content: stretch; /* 高さいっぱい（初期値） */
  align-content: flex-start; /* 上揃え */
  align-content: flex-end; /* 下揃え */
  align-content: center; /* 中央揃え */
  align-content: space-between; /* 最初と最後を端に寄せて均等配置 */
  align-content: space-around; /* 均等配置 */
}
```

3.2.8　フレックスコンテンツ（子要素）の配置 align-self

配置は、`align-items`のように配置されます。

```
.flex-wrapper {
  display: flex;
}
.flex-child {
```

```
  align-self: auto; /* 親要素の align-items の値による（初期値）*/
  align-self: flex-start; /* 上寄せ */
  align-self: flex-end; /* 下寄せ */
  align-self: center; /* 中央寄せ */
  align-self: baseline; /* 文字のベースライン揃え */
  align-self: stretch;  /* 高さいっぱい */
}
```

3.2.9　順番を入れ替える order

orderプロパティを使えば、フレックスボックスの要素の順番を入れ替えることができます。
order:1のように指定し、数字の小さい順に要素が並び変わります。マイナスの指定も可能
です。初期値は0なので、1をひとつだけ設定すれば、最後に-1をひとつだけ設定することで
一番初めに配置されます。

```
<div class="tag-wrapper">
  <div>プロジェクトマネージャー</div>
  <div>サーバーエンジニア</div>
  <div>システムエンジニア</div>
  <div>プログラマー</div>
  <div>フロントエンドエンジニア</div>
  <div>デザイナー</div>
</div>
```

```
.tag-wrapper {
  display: flex;
  flex-wrap: wrap;
}
.tag-wrapper > :last-child {
  order: -1; /* 一番初めに来る */
}
```

上の例では、「デザイナー」が一番初めに配置されます。

34 　第3章　気持ちよく書けるCSS

3.3 画像を使わないデザイン

　スマートフォンなどの媒体が増え、解像度の種類もカオスになり、画像でパーツを作らずにCSSのみで見た目を表現することが増えました。ボタンや矢印などを画像で作ると、デザインに変更があるたびにデザイナーにお願いしたり、Photoshopがないと変更できなかったり、ブラウザで確認しながらデザインできなかったり、解像度別に画像を作成しなければならなかったり、と不便です。

　昨今のフラットデザインやマテリアルデザインも、こういった仕様や技術が整ったことが流行った要因のひとつでしょう。

　このようなボタンも、CSSのみで実装できます。

3.3.1 グラデーション

　linear-gradient()関数でグラデーションを指定します。background-imageで使用します。backgroundに設定しているコードもよく見ますが、backgroundは、background-imageなどを一括で指定できるショートハンドですので、backgroundに指定できるものをリセットしつつbackground-imageを指定していることと同等です。リセットする意図がなければbackground-imageに指定しましょう。

```
.class {
  background-image: linear-gradient(90deg, #fff 0%, #666 100%);
}
```

・第一引数：to left top（左上）やto bottom（下）のように方向を指定するか、45degのように角度を指定します。省略可能で、その場合はto bottomです。

・第二引数：色を指定します。グラデーションが終わる（もしくは開始する）位置も指定することができます。

・第三引数以降：グラデーションの色と位置を指定します。

2px間隔のボーダーを描画したい場合は、以下のようにします。

```css
.class {
  background-image: repeating-linear-gradient(#fff 0, #fff 2px,
#999 2px, #999 4px);
}
/* もしくは以下 */
.class {
  background-image: linear-gradient(#fff 0, #fff 2px, #999 2px,
#999 4px);
  background-size: 1px 4px;
}
```

repeating-linear-gradient()関数を使用してリピートさせるか、画像扱いであることを利用して、background-sizeでサイズを指定し、リピートさせます。

円形のグラデーションを指定するには、radial-gradient()関数もあります。

3.3.2　丸角

```css
button {
  border-radius: 12px;
}
```

```css
img {
```

36 ｜ 第3章　気持ちよく書けるCSS

```
  border-radius: 50%;
}
```

以下のショートハンドです。長さかパーセンテージを1〜4個まとめて指定できます。

・border-top-left-radius: 0;
・border-top-right-radius: 0;
・border-bottom-right-radius: 0;
・border-bottom-left-radius: 0;

3.3.3 テキストシャドウ

```
.class {
  text-shadow: 3px 5px 1px #aaa;
}
```

・x軸からの距離
・y軸からの距離
・ぼかし具合
・色

を指定します。カンマで区切り、複数指定することも可能です。

3.3.4 ボックスシャドウ

```
.class {
  box-shadow: 0 2px 10px 1px rgba(0, 0, 0, 0.5);
}
```

- x軸からの距離
- y軸からの距離
- ぼかし具合
- 拡張する長さ
- 色

を指定します。insetを付与することで、内側に影をつけることができます。

こちらもテキストシャドウ同様にカンマで区切り、複数指定することも可能なため、工夫をすれば、ひとつの要素に対していくつもの円を描く、という使い方も可能です。

3.3.5　contentで部品作成

::before::after擬似要素に、contentプロパティで様々な部品を作ることができます。次のような用途に使われています。

- 引用符
- カウンター
- content: ''にしてふきだしの三角部分に
- webフォントの文字を入れてボタンのアイコンに
- attr()関数を利用して、content: '' attr(href);のようにhrefの属性値をつけたす

以下は、ふきだしの三角部分を作る一例です。

Lorem ipsum dolor sit, amet consectetur adipisicing elit. Fugit cumque, minus illum obcaecati ullam libero officiis quasi natus dolor asperiores delectus, dignissimos nisi assumenda nostrum sint. Voluptas debitis minus vero.

```css
.balloon {
  background-color: #ccc;
  position: relative;
}
.balloon::before {
  display: block;
  content: '';
  position: absolute;
  bottom: -16px;
  left: 16px;
  width: 0;
  height: 0;
  border-style: solid;
```

```
  border-width: 16px 12px 0 12px;
  border-color: #ccc transparent transparent transparent;
}
```

3.4 値の計算

従来はCSSのプロパティ値には固定の値しか入れられませんでしたが、calc()関数で計算値が使えるようになりました。

3.4.1 calc()

```css
.class {
  width: calc(100% - 1px);
  height: calc(100vh - 30px);
}
```

100vhからピクセル数を引いているのは、ファーストビューで画面いっぱいに画像を表示しつつヘッダー要素の高さを引きたいときなどに使うと便利です。

IE11では、flexプロパティ、transformプロパティ、box-shadowプロパティなどの中では機能しないなど、まだバグが多くあります。上記のような単純な記述にとどめるか、ブラウザ確認をしながら記述してください。

ここでは+-*/の演算子が使えます。両側にスペースを入れて記述してください。

ファーストビューで画面いっぱいに広げている例 https://mid-career.nyle.co.jp/

3.5　色の指定

色の指定も、RGB形式だけではありません。

3.5.1　色の記述例

```
.class {
  /* すべて紫色を表している */
  color: rebeccapurple; /* この色はIE11では指定できませんが…… */
  color: #663399;
  color: #639;
  color: rgb(102, 51, 153);
  color: rgb(40%, 20%, 60%);
  color: rgba(102, 51, 153, 1);
  color: hsl(270, 50%, 40%);
  color: hsla(270, 50%, 40%, 1);
  /* 透明 */
  color: transparent;
}
```

文字色にも透明（transparent）が指定できます。

3.5.2　現在の文字色

currentColorキーワードを設定すると、現在のcolorに指定されている色を参照できます。

```
.class {
  color: red;
  border: 1px solid currentColor; /* ボーダー色が赤になる */
}
```

3.6 最初や最後の要素を指定

兄弟要素すべてにmarginやpaddingやborderなどを指定した際に、最初や最後の要素だけ指定を無効にしたいことがあります。今までは、最初や最後の要素のclassになにかを設定してmarginなどを打ち消す方法を用いていましたが、:last-childや:last-of-typeなどを使えば、HTMLを汚さずに済みます。

3.6.1 :last-child :first-child

```
p:last-child {
  margin-bottom: 0;
}
```

この指定の場合、指定のp要素が子要素の中で最後であれば適用されます。:first-childは最初の要素です。

3.6.2 使いどころ

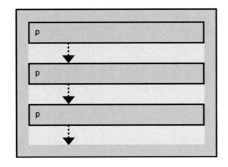

ボックスの中にp要素が出現した場合、上下にmarginが取られるため、margin-bottomのみを設定するということがあります。CSSのフレームワークなども現在はそのようになっている

こともあります。このとき、最後のp要素のmargin-bottomは不要ですので、p:last-child
に対してmarginを調整します。

3.6.3 :not()を組み合わせる

pとp:last-childに対して2つ設定しなければならないのを、:not()を使って指定する
方法もあります。

```
p:not(:last-child) {
  margin-bottom: 1em;
}
```

3.7 変形

変形を行うには transform プロパティを使用します。

```
.class {
  transform: rotate(-45deg);
  transform-origin: 0 0; /* 原点を決める */
}
```

のように指定します。その他、プロパティ値に取れるもので、よく使われるものを抜粋しました。

3.7.1 原点

transform-origin は、原点を決めます。初期値は 50% 50% 0 で、それぞれ「x軸 y軸 z軸」を表しています。

3.7.2 移動

```
.image {
  transform:
    perspective(500px) /* ユーザーとの距離が500px離れていると設定 */
    translateX(120px) /* 右に120px移動 */
    translateY(-40px) /* 上に40px移動 */
    translateZ(-100px); /* perspective() で指定した距離からさらに100px遠ざかる */
  transform-origin: 0 0;
}
```

二次元での移動のみの場合、perspective() と translateZ() は不要です。

perspective()はtranslateZ()を指定するときに奥行きを表現するためのユーザーとの距離を表します。perspective()関数ではなくperspectiveプロパティもありますが、こちらは移動させたい要素自身ではなく、親要素に指定します。

translateX()とtranslateY()は、translate()に2つの引数を指定することでも表せます。

translateX()とtranslateY()とtranslateZ()は、translate3d()に3つの引数を指定することでも表せます。

3.7.3 伸縮

```
<img src="150x150.png" alt="" class="image_1">
<img src="150x150.png" alt="" class="image_2">
<img src="150x150.png" alt="" class="image_3">
```

```
.image_1 {
  transform:
    scaleX(0.5)
    scaleY(1.2);
}
.image_2 {
  transform:
    perspective(500px)
    translateZ(-200px); /* z軸の奥に移動することで伸縮 */
}
.image_3 {
  transform:
    /* この順番で指定 */
    perspective(500px)
    scaleZ(4) /* -200pxを4倍離す指定 */
    translateZ(-200px);
}
```

scaleX()scaleY()scaleZ()は、括弧内に伸縮率を入れます。

scaleX()scaleY()は、scale()に2つの引数を指定することでも表せます。

scaleX()scaleY()scaleZ()は、scale3d()に3つの引数を指定でも表せます。

3.7.4　回転

```
<img src="150x150.png" alt="" class="image_1">
<img src="150x150.png" alt="" class="image_2">
<img src="150x150.png" alt="" class="image_3">
```

```
.image_1 {
  transform:
    rotate(60deg);
}
.image_2 {
  transform:
    rotateX(60deg);
}
.image_3 {
  transform:
    perspective(500px)
    rotateX(60deg);
}
```

rotate(60deg)で、時計回りに60°回転します。rotateX()を指定すると、x軸で回転します。perspective()をつけると、奥行きを表現できます。rotateY()を指定するとy軸で回転します。

3.7.5　行列

matrix()が使えます。

```
.image {
  transform: matrix(1, 0, 0, 1, 0, 0);
}
```

の状態で、なにも変形していない状態です。第一引数〜第四引数までが、2×2の行列の、1行1列目、2行1列目、1行2列目、2行2列目に対応しています。第五引数はx軸の移動、第六引数はy軸の移動です。

例えば、回転の行列は次のとおりです。

```
cosθ  -sinθ
sinθ   cosθ
```

30°回転であれば、cos30°が約0.866、sin30°が0.5ですので、下記のコードです。webはy軸が下方向を向いているので、この場合、反時計回りの30°ではなく、時計回りの30°です。

```
.image {
  transform: matrix(0.866, 0.5, -0.5, 0.866, 0, 0);
}
```

傾けたものも表現できます。

```
.image {
  transform: matrix(1, 0, -1, 1, 0, 0);
}
```

3.8 状態の変化にアニメーションを加える

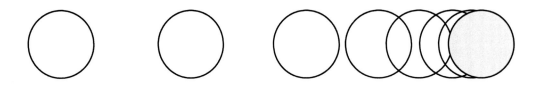

transitionプロパティを使って、状態が変化するときの簡易的なアニメーションを設定できます。マウスでホバーした際に、色をふわっと変化させるといった用途などに使用できます。

3.8.1 transition

```
button {
  box-shadow: 0 1px 5px rgba(0, 0, 0, 0.2);
}
button:hover {
  box-shadow: 0 3px 10px rgba(0, 0, 0, 0.2);
  transition: box-shadow 0.6s linear;
}
```

:hoverや:activeなどの擬似クラスに対して設定します。上記は、box-shadowに対して、0.6秒かけてアニメーションさせています。:hoverしたときにアニメーションさせるだけなので、:hover状態でなくなったときには瞬時に戻ります。戻るときもアニメーションさせる場合には、上記のコードの場合、:hoverのついてないbuttonセレクターにも同様に指定をします。もしくは、buttonにのみtransitionを設定します。

transitionプロパティは、下記のショートハンドです。

・transition-property: all;

・transition-duration: 0s;

・transition-timing-function: ease;

・transition-delay: 0s;

transition-delayプロパティは、設定した秒数だけ開始を遅らせることができます。

transition:box-shadow 0.6s 1s;と指定した場合は、1秒後に0.6秒かけて値が変化していきます。

3.8.2 デベロッパーツールからアニメーションの関数を変更する

transition-timing-functionには、ease-inやease-outなどのアニメーションの関数を指定できます。Chromeのデベロッパーツールから、関数と動きを見ることもできます。

```
XXX: BLOCK_HTML: YOU SHOULD REWRITE IT
<div style="width: 50%;">
![](./img/transition_timing_function.jpg)
</div>
```

3.9 状態にアニメーションを加える

要素をアニメーションさせます。JavaScriptを使わなくても、要素のアニメーションができます。

3.9.1 transitionとanimationの違い

transitionプロパティと、animationプロパティ、どちらもアニメーションをさせるプロパティですが、用途は違います。

端的にいうと**変化**か**状態**かの違いです。transitionの意味は「移り変わり」や「変化」という意味です。

ある状態からある状態に**変化するとき**にアニメーションさせるのがtransitionと考えるとよいでしょう。**ある状態のとき**にアニメーションさせるのがanimationです。そのため、ある状態のときに繰り返しアニメーションを行えるのもanimationです。

例えばJavaScriptはどちらかというとなにかをトリガーにして発火しますが、CSSは「状態」に対してスタイルをあてます。transitionはその発火時に発動するイメージに近いかもしれません。

transitionは簡易的なアニメーション、animationは複雑なアニメーションを行えると表現されることもあります。

3.9.2 animation

```
@keyframes fadein {
  0% {opacity: 0;}
  100% {opacity: 1;}
}
.class {
  animation: fadein 2.5s;
}
```

@keyframesにアニメーションの名前をつけます。ここではfadeinという名前をつけました。animationプロパティの値に、設定した名前を記述します。

animation: fadein 2.5sで、fadeinで設定したアニメーションを、2.5秒かけて実行することができます。

animationは下記のショートハンドです。なにも設定しない場合、下記の初期値が設定さ

れます。

- ・animation-name: none;アニメーションの名前
- ・animation-duration: 0s;実行時間
- ・animation-timing-function: ease;アニメーションタイミングの関数
- ・animation-delay: 0s;実行までの時間
- ・animation-iteration-count: 1;実行回数
- ・animation-direction: normal;アニメーションの向き
- ・animation-fill-mode: none;実行前後のスタイルの適用
- ・animation-play-state: running;実行中か停止中か

実行回数を無限にする場合、animation-iteration-countプロパティにinfiniteを指定します。

animation-directionプロパティで逆再生を設定できます。

animation-fill-modeプロパティは、backwardsで遅延させていたとき、アニメーション中にある最初のキーフレームのスタイルを適用、forwardsで最後のキーフレームのスタイルを保持します。

3.10 背景画像の大きさを調整

background-sizeプロパティを使うと、背景画像の大きさを調整できます。

3.10.1 background-size

次のように、背景画像を収納するようにぴったり収まるような大きさにするには、background-size: containを指定します。

```
.hero-image {
  width: 100%;
  height: 200px;
  background-image: url(image.png);
  background-repeat: no-repeat;
  background-position: center;
  background-size: contain;
}
```

次のように、背景に余白がなくカバーをかけるように画像の大きさを調整するにはbackground-size: coverを指定します。

- background-size: 50%;背景画像の横幅が要素の半分になり、縦幅はauto

・background-size: auto 30px;背景画像の縦幅が30pxになり、横幅はauto

・background-size: 20px，100px;コンマで区切り、複数の背景画像に対して設定可能

背景画像でなく、通常のimg要素の画像で同様のことをしたい場合に、object-fitプロパティもありますが、IEが未対応です。

3.10.2　模様を描く

background-imageにはグラデーションを指定できるので、background-sizeに大きさを指定してリピートさせれば、ノートのような罫線やボーダーやストライプのようなものまで、様々な模様を描くことができます。

```css
.class {
  width: 600px;
  height: 200px;
  background-image: linear-gradient(
    135deg,
    transparent 0,
    transparent 25%,
    #ccc 25%,
    #ccc 50%,
    transparent 50%,
    transparent 75%,
    #ccc 75%,
    #ccc 100%
  );
  background-size: 8px 8px;
}
```

上記のように、特に斜めのような背景は、閲覧環境によってはつなぎ目がきれいに見えない場合もあります。

第3章　気持ちよく書けるCSS　53

3.11 カウンター

counter()関数、counters()関数を使って、見出しの前に数字をつけるようなことができます。

今まではol要素を使ったり、ul要素にlist-style-type: decimalを指定したりして、リストの先頭に1.のような数字をつけることができました。しかし、h2要素や、[3-1]というように階層構造や括弧で囲んだりする場合は、実現が困難でした。

```
h2 {
  display: list-item;
  list-style-type: decimal; /* 数字を表示させたい…… */
}
```

のようにしようとしても、すべてのブラウザで思うように表示されません。

3.11.1 counter()で簡単な記述方法

```
1 lorem
2 lorem
3 lorem
```

```
<ol>
  <li>lorem</li>
  <li>lorem</li>
  <li>lorem</li>
</ol>
```

```
ol {
  counter-reset: hoge; /* ol要素が出現するごとに値をリセット */
  list-style-type: none;
}
li::before {
  counter-increment: hoge; /* hoge と命名されたカウンターを増加 */
```

54 | 第3章 気持ちよく書けるCSS

```
    content: counter(hoge) ' '; /* hoge と命名されたカウンターを呼び出す */
}
```

　::before擬似要素のcontentプロパティで、カウンターを表示させます。contentプロパティは、'a' 'b' 'c'というように、クウォーテーションやダブルクウォーテーションで囲まれた文字を、スペースを間に入れて表示することができます。counter()関数から数字を呼び出して、他の文字とつなげることができます。

　マイナスのインデントがされていないので、適宜margin-leftなどでの調整が必要です。

3.11.2　counters()でリストの入れ子に対応した記述方法

```
[01] lorem
[02] lorem
[03] lorem
    [03-01] lorem
    [03-02] lorem
    [03-03] lorem
```

```html
<ol>
  <li>lorem</li>
  <li>lorem</li>
  <li>lorem
    <ol>
      <li>lorem</li>
      <li>lorem</li>
      <li>lorem</li>
    </ol>
  </li>
</ol>
```

```css
ol {
  counter-reset: cnt;
  list-style-type: none;
}
li::before {
  counter-increment: cnt;
  content: '[' counters(cnt, '-', decimal-leading-zero) '] ';
```

第3章　気持ちよく書けるCSS

```
}
```

今度はcounter()関数ではなく、counters()関数を使います。counters()関数の第一引数はカウンター名、第二引数は第二階層以降の文字を結合させる文字列、第三引数は、カウンターの数字の種類。第三引数を省略するとdecimal、つまり通常の数字になります。counter()関数の第二引数もカウンターの数字の種類を入れることができます。

3.11.3　h2等の階層構造の記述方法

例えば、h2要素に「1 CSSとは」、h3要素に「1-1 HTMLとCSS」というようなナンバリングをしたい場合、counters()関数を使いたいところですが、できないためcounter()関数を複数使用します。

```
<h1>サイト名</h1>

<h2>H2サブタイトル</h2>
<p>Lorem ipsum dolor sit amet consectetur adipisicing elit.</p>

<h2>H2サブタイトル</h2>
<h3>H3</h3>
<p>Lorem ipsum dolor sit amet consectetur adipisicing elit.</p>
<h3>H3</h3>
<p>Lorem ipsum dolor sit amet consectetur adipisicing elit.</p>

<h2>H2サブタイトル</h2>
<h3>H3</h3>
<p>Lorem ipsum dolor sit amet consectetur adipisicing elit.</p>
<h3>H3</h3>
<p>Lorem ipsum dolor sit amet consectetur adipisicing elit.</p>
```

```
h1 {
  counter-reset: sub-title-h2;
}
h2 {
  counter-reset: sub-title-h3;
}
h2::before {
  counter-increment: sub-title-h2;
  content: counter(sub-title-h2) ' ';
```

```
}
h3::before {
  counter-increment: sub-title-h3;
  content: counter(sub-title-h2) '-' counter(sub-title-h3) ' ';
}
```

のように、counter()関数を複数用いて実装します。

サイト名

1 H2サブタイトル

Lorem ipsum dolor sit amet consectetur adipisicing elit.

2 H2サブタイトル

2-1 H3

Lorem ipsum dolor sit amet consectetur adipisicing elit.

2-2 H3

Lorem ipsum dolor sit amet consectetur adipisicing elit.

3 H2サブタイトル

3-1 H3

Lorem ipsum dolor sit amet consectetur adipisicing elit.

3-2 H3

Lorem ipsum dolor sit amet consectetur adipisicing elit.

3.12 ボーダーに画像を設定

border-imageプロパティを使用し、ボーダー部分に画像を使用できます。単純にボーダー部分に模様などを入れる目的にも使用されますが、Androidアプリ開発でいうところの**9-patch**のようなこともできます。

例えば、下記のような巻物の中に文字を入れたい場合などです。文字は毎回どの量が入るかわからない場合に縦の長さや横の長さを可変にしたい場合もあるかと思います。

3.12.1 border-imageの実装方法

のように角を固定して、上下左右は可変になるような実装を次の画像を使って設定します。

```
.class {
  border: 30px solid #ededed;
  border-image: url(scroll.svg) 45% fill;
}
```

border-imageプロパティは以下のショートハンドです。

- border-image-source: none;画像を指定。linear-gradient()関数も使用できます
- border-image-slice: 100%;縁からの距離。20や33%のように指定。pxの単位は使用不可。fillを付与で内側部分も背景として指定できます
- border-image-width: 1;画像の幅。大きさが変わります
- border-image-outset: 0;外側に向かってはみ出す幅
- border-image-repeat: stretch;辺の部分を伸ばしたり繰り返したりを指定

45% fillの部分がborder-image-sliceプロパティの指定です。fillの指定がないと単純にボーダー部分のみに反映されます。距離は1〜4つ指定できます。

border-image-sliceとborder-image-widthとborder-image-outsetを設定するときは、/で区切ります。

下記は、その他のプロパティも設定したものです。

```
.class {
  border: 30px solid #888;
  background-color: #ddd;
  border-image:
    /* source         slice width outset repeat */
    url(border_img.png) 30 / 30px / 0 space;
}
```

border-image-repeatにspaceを設定することで、画像の間に余白があります。

```
.class {
  border: 30px solid #888;
  background-color: #ddd;
  border-image:
    /* source         slice width outset repeat */
    url(border_img.png) 30 / 45px / 6px round;
}
```

border-image-repeatを round にすると、画像が繰り返し配置され、隙間なく伸び縮みして埋めてくれます。round の他には単純な伸び縮みをする stretch、単純な繰り返しをする repeat があります。

3.13 :target :checked をトリガー代わりに

JavaScriptを使うと、クリックしたりチェックを入れたりしたときに、クリックイベントなどが発生し、それをトリガーにJavaScriptが実行されるように実装できます。

CSSはイベントを取得できませんが、**状態**であればCSSをあてることができます。

3.13.1 :target

内部リンク先に遷移した状態（URL末尾が#hogeのようになっている状態）に対する擬似クラスです。

例えば、クリックすると横からスライドして出てくるメニューも、`:target`擬似クラスを使って実装できます。また、確認した限りでは、JavaScriptでURL末尾の#hogeの部分を消したとしてもスタイルをあてることができるようです。

横からスライドしてくるメニューも、下記のようなコードで実装できます。

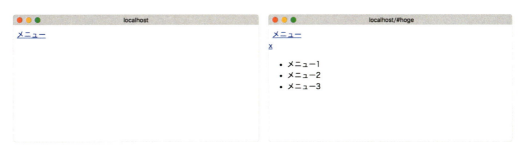

クリック前　　　　　　　　　　　　　　　　**クリック後**

```html
<div id="top">
  <a href="#hoge">メニュー</a>
</div>
<div id="hoge">
  <a href="#top">x</a>
  <ul>
    <li>メニュー1</li>
    <li>メニュー2</li>
    <li>メニュー3</li>
  </ul>
</div>
```

```
#hoge {
  position: absolute;
  max-width: 300px;
  left: -300px;
  transition: 0.5s;
}
#hoge:target {
  left: 0;
}
```

　URLが変化するため、戻るボタンで戻れる特徴があります。デメリットとしては、別の内部リンクに遷移することでしか状態を変化させられません。また、戻る場所も変わる可能性があります。

3.13.2　:checked

　これはいろいろ使いどころがあると思います。

チェックボックスやラジオボタンのビジュアルを変更する

　チェックボックスやラジオボタンは、OSやブラウザによって見た目が異なります。その見た目を変更するために、`display: none`などで見えなくし、`label`要素からオンオフを切り替え、`:checked`でその状態のときのチェックボックスやラジオボタンの画像（やCSSで生成したもの）を、`::before`擬似要素などに設定します。

　ただし、`display: none`などで見えなくする場合、タブキーによる移動ができなくなります。コーディングの気持ちよさは半減してしまいますが、`position`などを駆使して見えなくする方が良いでしょう。

モーダルウィンドウを表示する

　チェックをトリガー代わりにして、モーダルウィンドウのCSSを変更して表示すれば、JavaScriptを使わずモーダルウィンドウを実装できます。

62　｜　第3章　気持ちよく書けるCSS

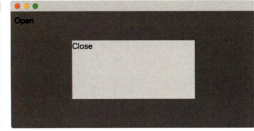

クリック前　　　　　　　　　　　クリック後

```html
<label for="modal-check">Open</label>
<input type="checkbox" id="modal-check">
<span class="modal">
  <label for="modal-check">Close</label>
</span>
```

```css
.modal {
  display: none;
  width: 50vw;
  height: 50vh;
  position: fixed;
  top: 0; left: 0; right: 0; bottom: 0;
  margin: auto;
  background-color: #ccc;
  box-shadow: 0 0 0 9999px rgba(0, 0, 0, 0.8);
}
#modal-check {
  display: none; /* 非推奨ですがコード単純化のために用いています */
}
#modal-check:checked + .modal {
  display: block;
}
```

デメリット

　:target擬似クラスの説明に挙げた、横からスライドするメニューも、この:checked擬似クラスで実装できます。しかし、現在のCSSの仕様では、:checkedが指定された要素より前だったり、親要素だったり、親要素の兄弟要素だったりした場合には指定ができません。また、

本来の使い方ではないため、:checkedをイベントのトリガー代わりに使う場合は気をつけてください。

コラム IE11の後の世界

今が、腰を据えて再びCSSの勉強をできる最後のチャンスかもしれません。

というのも、IE6時代は、HTML 4.01や、CSS2などをしっかり学べる時期でした。それ以上の技術や仕様があまり出てこなかったからです。その後、IE8、9、10、11、Edgeと出てきて、CSSも複雑になり、どこからどのブラウザが対応しているかわからなくなり、フレームワークやライブラリもたくさん出てきました。

現在はIE11という大きな壁があるため、腰を据えてCSSを学べるでしょう。しかし、IE11の壁が壊れた後、あたりを見回すと見ず知らずのプロパティだらけの世界という状況も考えられます。ブラウザは日々バージョンアップしているからです。

本書が活躍するのは長くても2025年までですが、その先はこれらの仕様や技術が「当たり前にできる」ことになっているので、本書で覚えたことは無駄になりません。そして、IEの終末を迎えるまでには、本書記載以上のことも少しずつでもキャッチアップをしていかなければなりません。

3.14　その他の便利なCSS

これまで挙げたもの以外にも便利なCSSがあります。

3.14.1　段組にする column-count

今までテーブルやfloatなどで設定していた、もしくは諦めていた文章の段組は
column-countプロパティを使えば設定できます。

```
.class {
  column-count: 3;
}
```

もしくは、横幅を基準にする場合は以下のように記述します。

```
.class {
  column-count: auto;
  column-width: 2em;
}
```

3.14.2　クリックを無効にする pointer-events

```
<a href="http://example.com" style="pointer-events: none;">リン
ク</a>
```

pointer-events: noneを指定することでマウス等のデバイス操作の対象からはずすこと
ができます。上記の場合、リンクの押下を無効にすることができます。

position操作をして、手前に重なった要素の押下を無効にして、奥にある要素を押下させ
るような使い方もできます。

あくまで、クリックやタップなどの操作の対象から外すだけですので、タブキーによる移動

第3章　気持ちよく書ける CSS　65

などは通常どおりに行えます。

3.14.3 webフォントを使うためのfont-face

@font-faceルールを使えばwebフォントを使用できます。

```
@font-face {
  font-family: 'hogehoge';
  font-style: normal;
  font-weight: 700;
  url(hogehoge.otf) format('opentype');
}
.num {
  font-family: 'hogehoge', sans-serif;
}
```

3.14.4 文字詰めをする font-feature-settings

font-feature-settingsプロパティで、文字詰めの情報があるフォントを使用する場合、文字詰めができます。

Chrome(OS X 10.11)

Safari(OS X 10.11)

```
p {
```

66 　第3章　気持ちよく書けるCSS

```
  font-family: 'Hiragino Sans';
  font-feature-settings: 'pkna';
}
```

このように設定します。font-feature-settingsのプロパティ値には、'pwid''palt''pkna'など様々なものが設定できます。しかし、ブラウザなどの処理系によって表示が異なる場合もあります。

また、分数やゼロに斜線を入れるプロパティ値もあります。

https://helpx.adobe.com/jp/typekit/using/open-type-syntax.html などを参考にしてください。

```
½ (frac)
007 (zero)
```

frac と zero

3.14.5　横幅を決める際のbox-sizing

widthやheightに、borderやpaddingを含めるかどうかを指定できます。
box-sizing: content-boxで含まず、box-sizing: border-boxで含みます。

```
* {
  box-sizing: border-box;
}
```

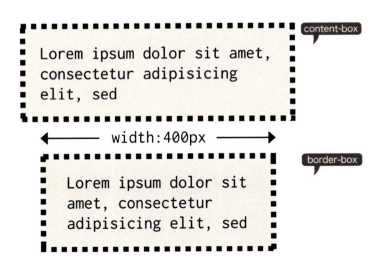

3.14.6 背景の表示領域を変えるbackground-clip

背景色や背景画像は、通常ボーダー部分まで表示されます。その領域を、変更するのが
background-clipプロパティです。

```css
pre {
  background-clip: padding-box; /* 初期値は border-box */
}
```

上記は、padding部分から背景が描画されます。content-boxを指定すると、コンテンツ
領域から描画されます。

3.14.7 data URI schemeでHTTPリクエストを減らす

CSSとは直接関係ないのですが、background-imageのurl()関数にはソースのアドレス
を記述しますがファイルをbase64形式に変換して直接埋め込むこともできます。ツールやサー
ビスを使って変換したものを直接記述します。

```css
div {
  width: 90px;
  height: 90px;
  background-image:
    url(data:image/png;base64,iVBORw0KGgoAAAA
      (中略)
      apO1ak6VacaS0PRkODjlzsAAAAASUVORK5CYII=
    );
}
```

3.14.8 outlineでフォーカス時のスタイルを設定

outlineプロパティを使えば、要素の外側にアウトラインを引くことができ、フォーカス時
などのスタイルの変更に便利です。

```css
:focus {
  outline: 0; /* デフォルトでも設定されているためリセットしている */
  box-shadow: 0 0 0 2px rgba(19, 177, 241, 0.4);
}
```

3.15 もう使ってもいいだろうというCSS

仕様が不安定だったり、今は使えるという状況ではなかったりするけれど、もう使ってもいいだろうというものを紹介します。

3.15.1 フォーム部品の見た目をリセットするappearance: none

input要素やselect要素など、フォームの部品にはデフォルトでブラウザ固有の装飾が施されています。別の見た目にしたいということは往々にしてあるかと思います。

appearance: none;でリセットしましょう。appearanceプロパティには様々な値が指定できるはずでしたが、noneのみ生き残っていく気配があります。

実際には下記のようにベンダープレフィックスをつけて実装することになるでしょう。

```
button {
  -moz-appearance: none;
  -webkit-appearance: none;
  appearance: none;
}
```

3.15.2 スクロール途中から固定させるposition: sticky

positionプロパティのstickyはとても便利です。説明が難しいプロパティ値ですが、画面をスクロールしたとき、ある地点から固定されるヘッダーなどを簡単に実装できます。

```
<section>
```

```
    <h2>カテゴリー</h2>
    <p>プロジェクトマネージャー</p>
    <p>サーバーエンジニア</p>
    <p>システムエンジニア</p>
    <p>プログラマー</p>
    <p>フロントエンドエンジニア</p>
    <p>デザイナー</p>
</section>
```

```
h2 {
  position: sticky;
  position: -webkit-sticky;
  top: 0;
}
```

IEに対応していないのが残念ですが、これが反映されないことによってユーザビリティこそ損なわれますが、アクセシビリティが損なわれることは少なく、JavaScriptで実装するよりもはるかに気持ちよく実装できます。

未対応ブラウザ

Safariに対してはposition: -webkit-stickyを指定しましょう。

3.15.3　display: grid

グリッド状に区切ったレイアウトに要素を配置していくためのdisplayプロパティのgridです。

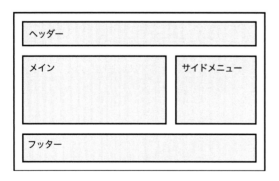

このようなレイアウトを記述する場合、下記のようなコードで実現することができます。

```
<div class="wrapper">
  <header>ヘッダー</header>
  <main>
    メイン
  </main>
  <aside>
    サイドメニュー
  </aside>
  <footer>
    フッター
  </footer>
</div>
```

```
.wrapper {
  display: grid;
  grid-template-rows: auto 1fr 80px;
  grid-template-columns: auto 300px;
  height: 100vh;
}
header {
  grid-row: 1;
  grid-column: 1 / span 2;
}
main {
  grid-row: 2;
  grid-column: 1;
}
aside {
  grid-row: 2;
  grid-column: 2;
}
footer {
  grid-row: 3;
  grid-column: 1 / span 2;
}
```

　詳細なプロパティは割愛しますが、その他にも様々なプロパティがあり、複雑なレイアウトが可能です。

未対応ブラウザ

IE11に対しては、-ms-とベンダープレフィックスをつけて対応します。仕様が異なっていたり古かったりします。

3.15.4　supportsルールでCSSがサポート時のみ適用

@supportsルールを使用します。

```
@supports (display: grid) {
  .container {
    display: grid;
  }
}
```

display: gridがサポートされていないときに適用する場合は以下です。

```
@supports not (display: grid) {
  .container > * {
    display: float;
  }
}
```

orやandも使えます。

```
@supports (transform-style: preserve) or (-moz-transform-style:
preserve) {
  /**/
}
@supports (position: sticky) and (transform-origin: 5% 5%) {
  /**/
}
```

3.15.5　プレースホルダー

input要素などに、デフォルトで薄く文字を表示するプレースホルダーに対してスタイルを適用したいときに、::placeholderを使用できます。

IE10、IE11のベンダープレフィックスは:-ms-input-placeholder、Edgeは::-ms-input-placeholder。

ユーザビリティ、アクセシビリティの問題もあるので、使用するときは注意してください。

72　第3章　気持ちよく書けるCSS

あとがき

　今回のテーマで執筆をしてみて、自分でも知らない使い方があったり、さっそく取り入れてみようというものがあったりしました。また、意外とIE10以前から使えるものも多かったものの、使っていなかったものも多かったです。それこそ「いろんなプロパティがあるけど、どのブラウザから使えるか、もう使っていいものなのかわからない」という課題を解決できたかなと思います。

　前回の技術系同人誌即売会の技術書典3では「z-index」について深掘りしましたが、今回は逆に浅く広く書いてみました。筆者自身も、データベースについて調べる機会があったときに書店に行ったのですが、深く書いてある本はあるけど、それだとどこを読めばいいのかわからない。浅く広く書かれた本が欲しい。そんな気持ちがあり、浅く広くもいいなと思い執筆しました。

　浅く広く知りたいという方の一助になれれば幸いです。

著者紹介

吉川 雅彦 （よしかわ まさひこ）

1982年生まれ。大阪出身。HTML、CSSのコーディングを中心に、マーケティング、ディレクション、デザイン、プログラミングなども行う。プログラマーからデザイナーへ転身し、受託web制作会社、フリーランス、株式会社カカクコム（食べログ）などを経る。個人としてもwebサイトの制作や、受託なども行う。代表作に、しおりを作って共有できるサービス「行程さん」がある。
webサイト：https://yoshikawaweb.com/
Twitter：https://twitter.com/masahiko888

◎本書スタッフ
アートディレクター/装丁：岡田章志＋GY
表紙イラスト：Mitra
表紙イラスト・アートディレクション：itopoid
編集協力：飯嶋玲子
デジタル編集：栗原 翔

技術の泉シリーズ・刊行によせて
技術者の知見のアウトプットである技術同人誌は、急速に認知度を高めています。インプレスR&Dは国内最大級の即売会「技術書典」（https://techbookfest.org/）で頒布された技術同人誌を底本とした商業書籍を2016年より刊行し、これらを中心とした『技術書典シリーズ』を展開してきました。2019年4月、より幅広い技術同人誌を対象とし、最新の知見を発信するために『技術の泉シリーズ』へリニューアルしました。今後は「技術書典」をはじめとした各種即売会や、勉強会・LT会などで頒布された技術同人誌を底本とした商業書籍を刊行し、技術同人誌の普及と発展に貢献することを目指します。エンジニアの"知の結晶"である技術同人誌の世界に、より多くの方が触れていただくきっかけになれば幸いです。

株式会社インプレスR&D
技術の泉シリーズ 編集長 山城 敬

●お断り
掲載したURLは2018年6月1日現在のものです。サイトの都合で変更されることがあります。また、電子版ではURLにハイパーリンクを設定していますが、端末やビューアー、リンク先のファイルタイプによっては表示されないことがあります。あらかじめご了承ください。
●本書の内容についてのお問い合わせ先
株式会社インプレスR&D メール窓口
np-info@impress.co.jp
件名に「『本書名』問い合わせ係」と明記してお送りください。
電話やFAX、郵便でのご質問にはお答えできません。返信までには、しばらくお時間をいただく場合があります。なお、本書の範囲を超えるご質問にはお答えしかねますので、あらかじめご了承ください。
また、本書の内容についてはNextPublishingオフィシャルWebサイトにて情報を公開しております。
https://nextpublishing.jp/

●落丁・乱丁本はお手数ですが、インプレスカスタマーセンターまでお送りください。送料弊社負担にてお取り替えさせていただきます。但し、古書店で購入されたものについてはお取り替えできません。

■読者の窓口
インプレスカスタマーセンター
〒101-0051
東京都千代田区神田神保町一丁目105番地
TEL 03-6837-5016／FAX 03-6837-5023
info@impress.co.jp
■書店／販売店のご注文窓口
株式会社インプレス受注センター
TEL 048-449-8040／FAX 048-449-8041

技術の泉シリーズ
最新ブラウザ対応で気持ちよく書くCSSデザイン
Chrome、Safari、Firefox、Edge、Internet Explorer 11対応！

2018年7月13日　初版発行Ver.1.0（PDF版）
2019年4月12日　Ver.1.2

著　者　吉川 雅彦
編集人　山城 敬
発行人　井芹 昌信
発　行　株式会社インプレスR&D
　　　　〒101-0051
　　　　東京都千代田区神田神保町一丁目105番地
　　　　https://nextpublishing.jp/
発　売　株式会社インプレス
　　　　〒101-0051　東京都千代田区神田神保町一丁目105番地

●本書は著作権法上の保護を受けています。本書の一部あるいは全部について株式会社インプレスR&Dから文書による許諾を得ずに、いかなる方法においても無断で複写、複製することは禁じられています。

©2018 Masahiko Yoshikawa. All rights reserved.
印刷・製本　京葉流通倉庫株式会社
Printed in Japan

ISBN978-4-8443-9834-9

●本書はNextPublishingメソッドによって発行されています。
NextPublishingメソッドは株式会社インプレスR&Dが開発した、電子書籍と印刷書籍を同時発行できるデジタルファースト型の新出版方式です。https://nextpublishing.jp/